U0213942

筑境

中国精致建筑100

1 建筑思想

风水与建筑
礼制与建筑
象征与建筑
龙文化与建筑

2 建筑元素

屋顶
门
窗
脊饰
斗栱
台基
中国传统家具
建筑琉璃
江南包袱彩画

3 宫殿建筑

北京故宫
沈阳故宫

4 礼制建筑

北京天坛
泰山岱庙
闾山北镇庙
东山关帝庙
文庙建筑
龙母祖庙
解州关帝庙
广州南海神庙
徽州祠堂

5 宗教建筑

普陀山佛寺
江陵三观
武当山道教宫观
九华山寺庙建筑
天龙山石窟
云冈石窟
青海同仁藏传佛教寺院
承德外八庙
朔州古刹崇福寺
大同华严寺
晋阳佛寺
北岳恒山与悬空寺
晋祠
云南傣族寺院与佛塔
佛塔与塔刹
青海瞿昙寺
千山寺观
藏传佛塔与寺庙建筑装饰
泉州开元寺
广州光孝寺
五台山佛光寺
五台山显通寺

6 古城镇

中国古城
宋城赣州
古城平遥
凤凰古城
古城常熟
古城泉州
越中建筑
蓬莱水城
明代沿海抗倭城堡
赵家堡
周庄
鼓浪屿
浙西南古镇廿八都

筑境

中国精致建筑100

蓬莱水城

于建华 撰文/摄影

中国建筑工业出版社

出版说明

中国是一个地大物博、历史悠久的文明古国。自历史的脚步迈入新世纪大门以来，她越来越成为世人瞩目的焦点，正不断向世人绽放她历史上曾具有的魅力和光辉异彩。当代中国的经济腾飞、古代中国的文化瑰宝，都已成了世人热衷研究和深入了解的课题。

作为国家级科技出版单位——中国建筑工业出版社60年来始终以弘扬和传承中华民族优秀的建筑文化，推动和传播中国建筑技术进步与发展，向世界介绍和展示中国从古至今的建设成就为己任，并用行动践行着“弘扬中华文化，增强中华文化国际影响力”的使命。从20世纪80年代开始，中国建筑工业出版社就非常重视与海内外同仁进行建筑文化交流与合作，并策划、组织编撰、出版了一系列反映我中华传统建筑风貌的学术画册和学术著作，并在海内外产生了重大影响。

“中国精致建筑100”是中国建筑工业出版社与台湾锦绣出版事业股份有限公司策划，由中国建筑工业出版社组织国内百余位专家学者和摄影专家不惮繁杂，对遍布全国有历史意义的、有代表性的传统建筑进行认真考察和潜心研究，并按建筑思想、建筑元素、宫殿建筑、礼制建筑、宗教建筑、古城镇、古村落、民居建筑、陵墓建筑、园林建筑、书院与会馆等建筑专题与类别，历经数年系统科学地梳理、编撰而成。本套图书按专题分册，就其历史背景、建筑风格、建筑特征、建筑文化，结合精美图照和线图撰写。全套100册、文约200万字、图照6000余幅。

这套图书内容精练、文字通俗、图文并茂、设计考究，是适合海内外读者轻松阅读、便于携带的专业与文化并蓄的普及性读物。目的是让更多的热爱中华文化的人，更全面地欣赏和认识中国传统建筑特有的丰姿、独特的设计手法、精湛的建造技艺，及其绝妙的细部处理，并为世界建筑界记录下可资回味的建筑文化遗产，为海内外读者打开一扇建筑知识和艺术的大门。

这套图书将以中、英文两种文版推出，可供广大中外古建筑之研究者、爱好者、旅游者阅读和珍藏。

目录

蓬莱水城

蓬莱水城，在山东省境内，属烟台辖区的蓬莱市。“蓬莱”一词，最早见于《史记·秦始皇本纪》“秦始皇东行郡县……立石刻、颂秦德、明德意。既已，齐人徐市等上书，言海中有三神山，名曰蓬莱、方丈，瀛洲，仙人居之。”那渤海、黄海中偶尔出现的“海市蜃楼”，便被认为是仙人居住的地方。随后，汉武帝寻仙来到此地便筑城曰：蓬莱，蓬莱地名由此而产生。由于秦始皇、汉武帝对“蓬莱”仙境的钟爱，地名蓬莱便成为神仙之地的化身。到了唐贞观八年（634年），开始在此设置蓬莱镇；神龙三年（707年），升为蓬莱县，为登州东牟郡治。沿用至民国时期废府存县。1991年撤县设市。

一、刀鱼巡检，倭患

图1-1 蓬莱水城全貌/前页
水城位于蓬莱市北端滨海，呈不规则长方形，占地约3公顷。

蓬莱水城的建造起源于战争防御。早在南北战争频繁的南北朝时期，统一北方山河的北魏皇帝拓跋珪为巩固政权，加强边界设防，于天赐元年（404年），就在山东境内各州治“谪造兵甲，以备海防”，蓬莱由此成为我国海疆屯集兵甲的海防前哨。

说起海防，不得不从“刀鱼巡检”说起。“刀鱼巡检”是宋朝初年对水军机构的称谓，因为当时已普遍使用一种狭而长的战棹，在浅海洋面巡逻，担任海上防御任务。巡逻战棹外形酷似古时用的大刀，海中的带鱼（俗称刀鱼），故称之为“刀鱼舡”。宋朝时北方的契丹辽国崛起，作为宋边境的蓬莱，隔海与辽国对峙，战争不断。宋康定元年（1040年）将登州驻军升为禁兵，登州的军事防御地位更加突出。宋庆历三年（1042年）驻守登州的郡守郭志高向朝廷请奏，在登州设置刀鱼巡检，水兵三百，戍守省门海岛（庙岛），备御契丹。驻军在登州府城北一华里处，画河入海口，今水城一带，修筑沙堤，堤内泊船，始成为我国驻守海疆的一个刀鱼巡检水军基地，称作“刀鱼寨”。刀鱼巡检在每年的春季东南风来临时节出巡洋面，秋冬时节返回寨中。刀鱼寨虽在宋朝末年金兵南侵时关闭，刀鱼巡检也销声匿迹，但已形成海防寨堡构筑的雏形。

元时，我国沿海一带开始出现倭寇侵扰百姓。由于当时日本社会南北分裂诸侯割据、战乱不休，诸侯争相同中国贸易，若不能达成贸易，便支持武士、浪人及商人在中国沿海劫

图1-2 清道光年间《蓬莱县志·水城图》

掠、走私。元末农民起义爆发，反击倭患不力，倭寇气焰更加嚣张，逐渐向我国北方沿海蔓延。元政府在登州设立山东分元帅府，登州成为山东半岛的核心。水军仍驻扎在刀鱼寨，加强巡视洋面。自朱元璋把蒙古族统治者赶出中原后，大地满目疮痍，人民需要生息，便采取了睦邻自固的战略，在沿海一带建立防御设施，健全防倭机构。明太祖命令“山东、江南北、浙东西沿海筑城”备倭。于是，明洪武九年（1376年）升登州为府城，改守御千户所为登州卫。当时的指挥谢观，出于防御海上的战略需要，在刀鱼寨旧址上阻河拦海，周密规划、建立健全了岸边的军事设施，建成占地约27余万平方米的卫城。城内平时驻扎水军、停泊战舰、训练水兵，战时可出击海上，据守封

图1-3 丹崖山脚下水城一角

图1-4 水城早期夯土城墙

夯层厚10—20厘米不等，由砂土与黏土混合夯筑。

锁洋面，成为统领胶东半岛北部地区守备和抗击倭寇的指挥基地，世人谓之“备倭城”，又称“水城”。

建于14世纪的蓬莱水城，迄今仍是国内仅存、唯一保存完整、规模最大的、最古老的海防军事城堡。

二、东扼岛夷，北控辽左

山东半岛地形恰如人口吐舌，海岸线崎岖绵延，北与辽东半岛呈犄角遥遥相对，形成海峡；长山列岛星罗棋布于海峡口中，组成天然屏障。蓬莱水城恰好选址在这山东半岛最北端，紧扼渤海、黄海的分界线上，蓬莱以东便是芝罘岛及各海口，如同舌根舌尖不可分割，共同抵御来犯之敌。这里近可扼守周边岛屿和海口要道，远可严密控制辽东半岛，在地理位置上具备了天险和地险的有利条件。

在古老的中国，城池建筑与防御有着密切的联系。“城”是统治阶级权力的象征，历代统治者都是将防御忧患意识，付诸对“城”的建造，只不过在明代以前，多为防御国内敌对者或者国内其他民族势力。明代之后，才出现沿海防御外侵势力的卫、所、寨、堡等军事要塞。对于建造防御型城堡的理论和经验，如依山傍水、设险防卫、合通四海的选址思想，早在春秋战国城市建设高潮中就被运用。因为依山可御寒，迎纳阳光，亦可为天然屏障之险；近水可生存，便利多项交通。蓬莱水城的选址正好与其相吻合，设险防备更加完善。

第一，渤海海峡口南岸有座小山包，海拔高34.6米，因其山体为赭红色破碎石英岩石，故名丹崖山，山虽不高却鬼斧神工般地悬崖海上，陡立岸边，并与西侧田横山一脉相连，山的东侧便是画河海口的宋代“刀鱼寨”。丹崖山正是建造备倭城可以凭借的天险。第二，筑城设险，以守其固。《周易》说：“天险不可升也，地险，山川丘陵也，王公设险，以守其

图2-1 丹崖山陡立岸边
水城西北跨山，临海有蓬莱阁、宾日楼、灯楼等建筑，山东侧有水门。

固。”备倭城是将宋之刀鱼寨扩建、围合，又将画河拓宽、改流，绕备倭城流入大海，使其成为备倭城之护城河，这正是巧设地险，以守其固。

扼守水陆交通要冲，是建蓬莱水城的关键。东来的倭寇，多乘风过海觅重要港口或要冲登陆，从而方便进攻和撤退。渤海深入内陆，是倭寇多扰之地，也是进扰中原的捷径。蓬莱据守海峡口，真可谓“外抨朝辽，则为藩篱，内障中原，又为门户”，只有将来犯之敌，消灭在门户以外，才可保障中原。备倭城的建造抓住了海防的核心，引海入城，城中有海，城海相连，更快捷、迅速地出击海上来犯之敌，恰似洋面雄关锁钥。

蓬莱水城，在选址上发展了我国建城的理论，成功地利用了山、海、河之间的关系，不失为城池防御建筑的优秀范例。自从备倭城建成后，有力打击了倭寇的入侵，确保了半岛地区人民的安全。据《山东通史》载，自“明嘉靖三十二年（1553年）以后，倭寇频繁入侵江苏、福建、浙江沿海……山东倭患相对较轻，除客观原因外，与山东沿海的海防森严也不无关系”。当然这与备倭城选址成功关系密切。

正如明代山东巡抚、兵部侍郎宋应昌所作的《重修蓬莱阁记》中对水城地理所作的描述：“至若东扼岛夷，北控辽左，南通吴会，西翼燕云，艘运之所达，可以济咽喉，备倭之所据，可以崇保障。”今天我们站在城头，北

图2-2 清光绪七年《增修登州府志》载水城图

望岛屿棋布碧波间，回览古城雄关几经年，险峻却依然。虽不见烽烟起沧海，似见抗倭英杰遗光映红山。水城至今已不敷现代化海防之需要，港湾泊船依旧。残垣断壁成为我们凭吊游览之胜地。

三、仙与人共守

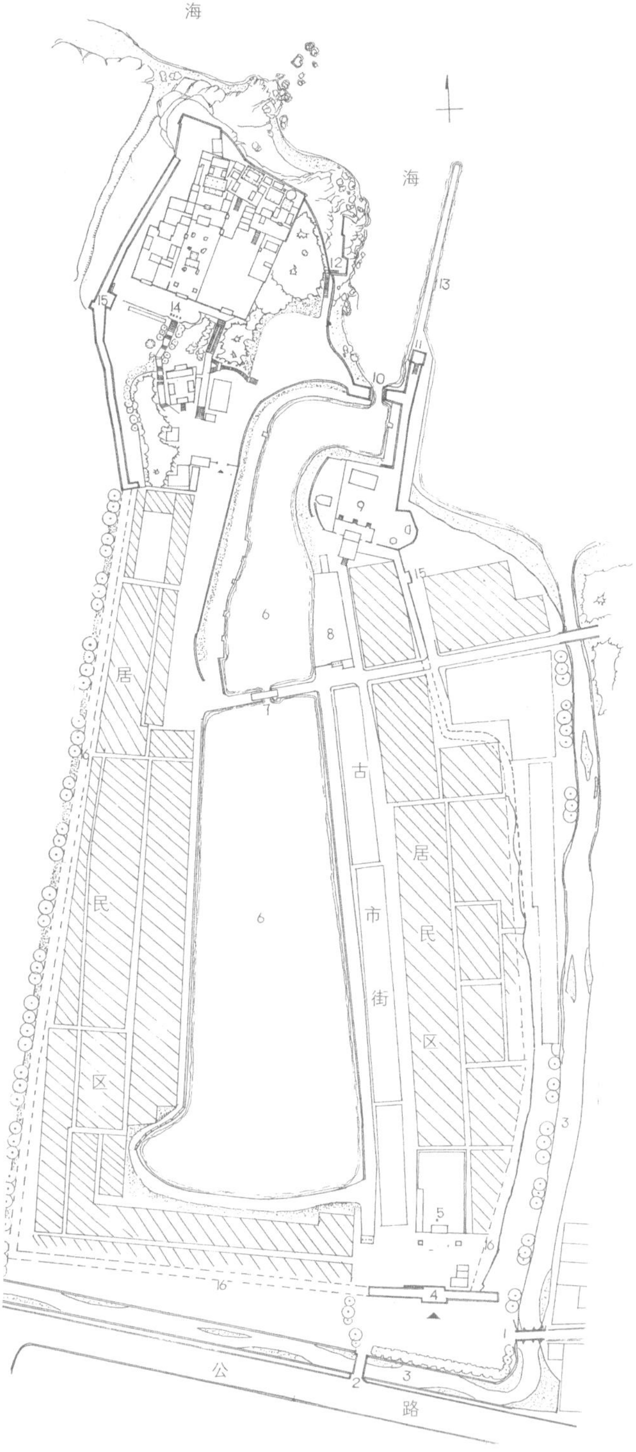
海
海
居民区
居民区
古市街
公路
1
2
3
4
5
6
7
8
9
10
11
12
13
14
15
16

图3-1 蓬莱水城总平面图/对面页
1.迎仙桥；2.护城河；3.来宾桥；4.振扬门；5.水师府；6.小海；7.登瀛桥；8.古船博物馆；9.平浪台；10.水门口；11.东炮台；12.西炮台；13.防波堤；14.蓬莱阁建筑群；15.敌台；16.城墙遗址

在蓬莱水城丹崖山上，聚集了一群庙宇宫观，是蓬莱水城千百年来，以中国特有的文化内涵驻守在山巅的“仙”，执着地守护着前来供奉神灵的百姓。

蓬莱阁寺庙群，占地面积约1.7万平方米，不足水城的十分之一，位于水城西北角的丹崖山上，与水城唯一的陆路门形成对景。自有“蓬莱”一词之后，这里便是寻仙和祈求长生不老神药之圣地。由于地理位置特殊，每当春夏、夏秋之交，这里便时常发生奇怪的大气光学现象，人们可以从这儿看到沧溟无垠大海中的幻影般的空中楼阁，人马喧嚣的城市等等海市奇景，由此历代帝王、名宦和文人墨客纷至沓来，企望一睹仙山美景，并留下许多赞美诗文，为丹崖山披上了神话色彩。据《登州府

图3-2 蓬莱阁寺庙群

志》记载：自唐朝起，丹崖山由麓及巅，兴建起弥陀寺、海神广德王庙、蓬莱阁、三清殿等宗教建筑。自宋之刀鱼寨以来，戍守水城的官兵来自不同地方，承袭着不同信仰和传统文化，使得丹崖山上宗教建筑不断增多。人们将不同性质的建筑聚于一处，形成了这座以寺庙为特征的军事城堡。

明代蓬莱水城是以防御为本建造的，遵循传统的建城规制，如："凡邑有宗庙"，"三里之城，七里之廓"。水城周三里，城墙高三丈五尺（约11米），厚一丈五尺（约4.65米），南宽北窄，呈不规则长方形。西北跨山，东南濒河，北面临海，城内由军事防御区和蓬莱阁寺庙群两部分组成。军事防御区，是水城的主体，由城门、城墙、护城河、泊船的小海、平浪台、炮台、防波堤、水师营等建筑构成。寺庙园林区由弥陀寺、龙王宫、显灵宫、白云宫、蓬莱阁等建筑群组成。

图3-3 "福"字碑
五代时期华山道士陈抟书，现嵌于显灵宫前殿后檐围墙上。

图3-4 蓬莱水城北立面
巧借山海之势，构筑雄关，锁钥洋面。

水城在总体布局上独具匠心。城中间是将一条南北狭长的自然港湾围成的小海，小海将水城分为东西两部分，主要军事营地、帅府在小海东西两岸，寺庙群居城之西北角。小海的中部原有一座吊桥，现已不存，改建为登瀛桥。沿小海东岸的一条南北道路是水城的骨干。

水城东、西、南三面有城墙，城墙外有护城河，与大陆相隔。在南面护城河上有两座石桥，通过石桥，才能到达振扬门前；穿过城门便是小海的东岸，岸上原有总镇府（清代时改为“游击署”）和守备署，均已不存。近年又复建了水师府。过了桥沿小海西岸北行，便进入蓬莱阁寺庙群了。

图3-5 父子总督石坊
明嘉靖四十四年（1565年）朝廷为旌表戚氏家族而敕建的两座石牌坊之一。另一座母子节孝牌坊在父子总督牌坊东140米处。两座牌坊均为四柱五楼式，高9.5米，位于戚继光祠南。

水城内道路稀少，陆门、水门各一座，水门也不宽，只能驶过战舰，其空间布局有利于御敌。当年戚继光年仅十七岁，承袭父职，任登州卫指挥佥事，他怀着“自觉二十岁上下、务索做好官”的进取心，刻苦学文习武，督练水师和修建防务设施，守城十年，战绩颇丰，胶东得以太平，因此，被晋升为指挥佥事，总督山东三营、二十四卫，成为中国历史上著名的抗倭英雄。水城中除有坚固的军事设施和指挥系统外，西北部丹崖山上的寺庙群，如同凝固在山头的哨兵，与戍守水城的将士共同守护着这一方疆土，这种精神与物质相结合的城防建设系统，在古人的信仰与生活中是起过巨大作用的。

四、战舰的家院

图4–1 水城内小海
中间五孔拱桥为1995年改建，称“登瀛桥”，小海东岸为新建的“登州古市”。

当游人步入水城时，映入眼帘的是城中心那一汪水域，形同湖泊，却因与大海相通，随大海潮起潮落，故被称为“小海”。历史上的小海是屯扎战舰的地方。如今，白天但见游艇在小海中穿梭，当晚霞来临或者大风时，小海便是渔船的避风港和家园。

说起小海，它原是丹崖山脚下的海湾，也是海外交通和经济贸易的重要港口。在蓬莱古城区的西北角，有一个山包，名紫荆山，山南发现新石器时期的古文化遗址，有黑水和密水两条河经登州府城流入大海，其入海口便形成较大的海湾。海湾东侧，为黄土堆积带，地势平坦宽阔，海湾的西北角有丹崖山和田横山遮挡，形成天然良港。历来中国与日本、高丽交往的航线都是自蓬莱港起航的。隋文帝第一次征伐高丽时，派水军总管周罗睺率水军横渡黄海向高丽进军，便是由此出发，因遭大风才折回的。史料记载，唐时登州港正式开通了至日本和高丽的航线，日本来华遣唐史共19次，半数以上是由此线往来的。宋以后，港湾由经济转向军事，逐渐成为驻扎巡检战棹的海防前沿。明代倭患渐盛，港湾便真正地成为停泊战舰、操练水师、抗击外患的军事基地。海外交往、贸易的功能转移至庙岛。虽然清朝时胶东沿海相对平静，但由于政府采取闭关锁国政策，严禁当地人民与邻国通商往来，加速了登州口岸的萎缩。清中叶，朝鲜使臣金花翠路经登州港回国，他曾记述：“京华路渺旅装黯，驿使人稀关雾蒙。”道出登州港的凄凉景象。第二次鸦片战争后，列强肆无忌惮地蚕食中国，登州海口也未逃厄运。《中英天津条约》规定，登州为开放口岸之一，后因“该口岸水浅，且无遮蔽”而转辟芝罘口岸。于是，随着经济、政治和军事中心的东移，备倭城也渐废弛，小海遂成为普通的渔港。

图4-2 元代战船/上图
1984年小海清淤时发掘出土，船长28米，宽5.6米；现陈列在登州古船博物馆内。

图4-3 铁锚、瓷罐/下图
1984年小海清淤时发掘出土。

今天我们看到的小海比起早期登州港湾缩小了许多。小海躺在水城的怀中，变得更加温顺和恬静。小海南北长约650米，总水域为6.6万平方米，约占水城总面积的四分之一。它的南端距城墙不足30米，现呈南宽北窄状，南端宽约180余米，北端最窄处约36米，平均高潮时水深在3.5米左右，小海的中间偏北的位置上有座桥，据记载是宋朝杨康功为方便东西两岸往来奏请建造的。有船往来时，桥面吊起，故称之为“吊桥”。几经改造，吊桥早已不存，今天呈现在游人面前是美丽壮观的五孔拱桥——登瀛桥了。

因小海地处原画河入海口，多年来大量泥沙滞留港湾，宋代以后，港湾渐淤积堵塞，所以规定，所有在此泊船，出港时必须携带一定泥沙倒入外海，故港池内的淤泥有所减少。清咸丰年间，对小海进行过一次较大的清淤治理，清末也曾在水城内专设五名清淤人员，清理航道，以使小海保持一定水位。至20世纪80年代初，小海平均水位不足1米，成为历史上的第一次死港。1984年，蓬莱县政府组织上万名劳力对小海进行了一次较大规模的清淤工程，清理泥沙22万立方米，疏浚主航道深达3米，修筑小海堤岸，确保小海高潮时平均水位在3.5米左右，使小海重现活力。

此次对小海的清淤中，出土了大量的历史文物，有的似汉代陶器和元代的瓷器，大多为明清时期的铁锚、石碇、瓷器、兵器和铜钱等。同时，考古工作者还在小海的西南角处，清理发掘一艘长28米的元代战船，长宽比为5：1，是我国目前沿海出土古船中，最长的一艘，是研究宋、元时期战棹的标本。这些实物的发现，进一步说明登州古港和蓬莱水城在历史上曾有过的重要地位。

五、海上易守

图5-1 水门口/前页
水城与大海相连的一隙之口，门下宽9.4米，上宽10.15米，门道深11.4米，门垛高11.4米。

图5-2 水门口东炮台及防波堤
东炮台伸出36米，东西宽11米，南北长10米，高出水门2.5米，南与水城东城墙相连，防波堤西侧为主航道。

图5-3 西炮台/对面页
炮台借山体修筑，伸出城外12米，南北长12米，低于水门数米。

凡来游览参观蓬莱水城的人，总喜欢站在水城的木门口或两侧的炮台上，向北眺望大海，海上帆船点点，客轮、渔船，往来穿梭，远山近岛尽收眼底，充分享受居高临下的美感；或者乘坐小型快艇，由小海驶出水门，奔向大海，游乐海上，品味当年水兵出击海上之威风。回首望那高大的水门，遥想当年，城镇万里海疆，何等森严壁垒。至今水门和炮台这组防御海上的建筑设施，威风仍不减当年。

水门面北，是水城通往大海的唯一出口，由门垛和炮台组成。据1984年对小海清淤时地相资料和考察证明，水门地处丹崖山脚，是在基岩石上由人工开凿了通航水道，建筑起门垛。水门形同阙门状，门口上宽11.4米，下口宽9.4米；门垛高11.4米，水门进深为10.4米；门垛根部砌大块青石，上部包砌青砖，收分较小，十分陡峭。沿东门垛向北40余米，西门垛向北约百米，各建有凸出于城墙的炮台，且东

图5-4 水门与平浪台

水门与平浪台相距51米，东西长60米，东北角有一斜踏道可达水门岸边。

炮台高于西炮台。东炮台东西长11米，南北宽10米，高于城墙2.5米，上筑垛口，南面与东城墙连通，并有石台阶供上下。西炮台建于丹崖山东侧陡崖腰间，探出城外12米，宽12米，炮台西面接城墙，辟有小门，可出入水城，两炮台相距百米呈犄角状犹如水门伸出的两只有力的拳头，控制着海面。水门原不设闸门，清顺治十六年（1659年）为了加强对水门的防御才增设的。从清代徐可先撰写的《增置铁栅记》中得知，其水闸为外裹铁皮的栅栏式活动木闸，“无事则悬之，而舟行不阻，有事则下之，而保卫克宪。”今门垛墙上仍遗有宽0.33米，深约0.25米的闸门抱框。为了防止北方涌来的海浪和泥沙冲击，水门沿东炮台基脚向北，修筑了一条长约120米、宽15米略高于海面的防波堤坝。进入水门向南约50米，便是东西宽60余米的平浪台，土台比水门高为人工挖池堆成，恰似门口的照壁，不仅阻挡风浪还遮住了水门口的视线，使小海藏而不露。这样，水门有东西炮台封锁洋面，又有栅栏的阻挡，防御更加严密。

水城北面临海，以西有丹崖山，顺山势筑堞墙，犹如蛟龙卧山巅，崖下礁石嶙峋散布，恰似地网一般，故防守易，攻城难，在防御上占有绝对优势。

六、陆上难攻

图6-1 振扬门
水城唯一的陆路门。城门宽19.4米，进深13.4米，高7.85米，门洞宽3.02米，原门楼早已坍塌，现楼是1987年重建。

水城在陆路防御方面，主要从城墙、护城河、城门等构筑物上来体现。据《登州府志》和《增修登州府志》记载："指挥谢观以河口浅隘，奏议挑濬，绕以土城，北砌水门，引海入城，南设关禁，以讥往来"，后因备倭立帅府于此，名"备倭城"。"明代万历二十四年（1596年）总兵李承勋，甃以砖石，增敌台三"，由此可知，水城的南城墙及护城河，南北两门均是同时设险而建的。城墙西北跨山，北面的堞墙，东端由水门口向西，顺丹崖山的峭壁蜿蜒起伏，墙高1.5米不等。留有女墙垛口。西城墙，顺丹崖山体西侧自然发育成的节理沟壑的东侧构筑城墙，总长958米，墙高8米，顶宽5米，南北贯通，城墙收分较小。西城墙北端现存有明万历年间增筑的敌台一处，敌台凸出城外与城墙同高，可三面御敌，也称做"马面"。墙外便是深约10余米的沟堑。现西城墙北端尚存320余米，向南的平地城墙已不存，辟为通往海边的马路，深沟亦被近年旅游项目需要而填平。城墙的险峻已成追忆。

图6-2 西城墙

墙为外砌青砖的夯土实心墙，下部包砌大块青石，墙高8米，顶宽6米，外侧筑有垛口堞墙，内为女儿墙。

水城东、南两面地势平坦，故城墙外有护城河防御。东城墙总长约790米，北起水门口，南接振扬门。东炮台南约200米处的城墙上，存有凸出城外的敌台一处。向南城墙破坏较大，多被民居占据。20世纪70年代后期为了方便进出水城的车辆，将东城墙截断，开辟了一条公路，进入水城可不必走城门，乘车便可直入了。

护城河宽18米，深4米，将水城与陆地分隔开，仅在东南角和西南角上建起两座石桥——来宾桥和迎仙桥，过去进入水城必须通过这两座小石桥，别无他路。西南角的来宾桥，已改建成单拱石桥。由于城门以西城墙早已不存，沿石桥可直通水城内小海东岸路。东南角的迎仙桥，现依然尚存。桥为三孔石拱桥，长20.45米，宽11.88米。中央拱洞上方刻有“迎仙桥”三字，南立面还嵌有清光绪七年（1881年）重修迎仙桥碑记石刻一方。桥上石

图6-3 西城墙上敌台
明万历二十四年（1596年）增筑，原墙共有敌台三处，现已不存。

图6-4 护城河上迎仙桥

桥东西长20.45米，南北宽11.88米，石构。清光绪七年（1881年）重修。护城河宽18米，深4米。

栏板为块石垒叠而成。该桥造型美观，石材加工精良。若没有东南角商业建筑遮挡，实为一处别致的景观。站在桥上，北望海河相连，西望城门高耸，别有一番诗意，明代人马贞一曾以迎仙桥作回文诗一首：“桥边院对柳塘湾，夜月明时户半关……瓢挂树高人隐久，晓晨绿水响潺潺。”字里行间流露出周围环境的优美。

过了迎仙桥，水城的振扬门便耸立眼前，城门偏东，与正南方向的庙山遥对，成拱卫之势。城门由上下两部分组成，下为与城墙相连的拱揖门，上为城楼。门洞上方有“振扬门”门额石刻。原有的双扇大门，已不存。原城楼也早已毁圮，1987年，蓬莱市旅游局首倡，重建起三重檐城门楼，城门两侧城墙同时修复完整。人们又可以登城一览水城及蓬莱阁的全貌。

七、仙阁缥缈

图7-1 蓬莱阁立面图
阁为二层，歇山顶，面阔15.93米，进深18.7米，高10.70米，为清嘉庆二十四年（1819年）重修。

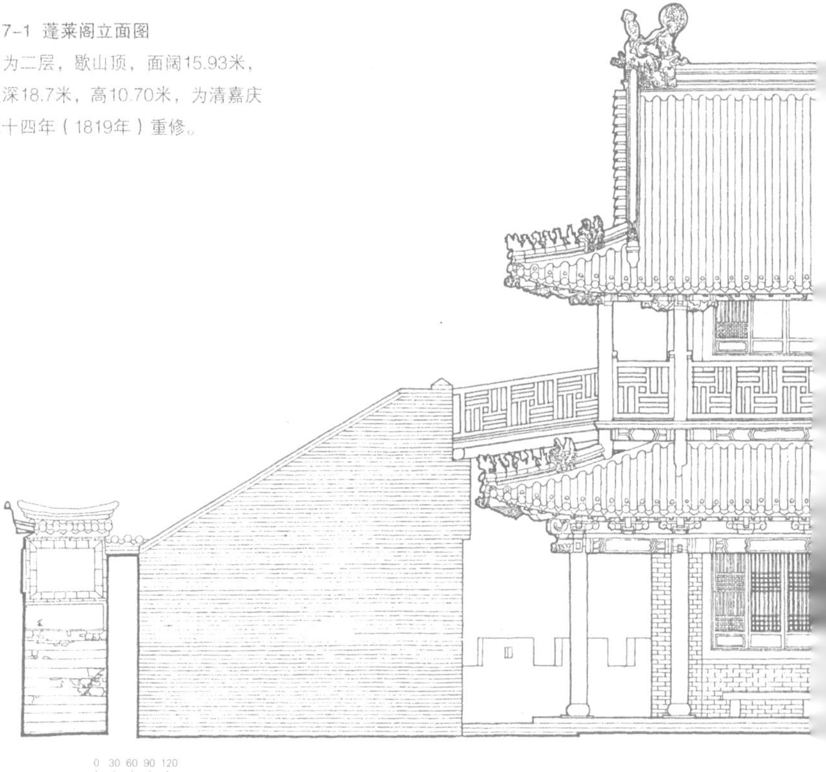

进入水城，沿着小海东岸前行，过“登瀛桥”再顺小海西岸北趋，便可来到蓬莱阁寺庙区，其中心最高点，即蓬莱阁。远远望去，金黄色的琉璃屋顶，在一色青瓦的亭台殿堂群中，格外耀眼。沿登山踏步前行，可至阁前。登阁凭栏远眺，“嵯峨丹阁倚丹崖，俯瞰瀛洲仙子家。万里夜看旸谷日，一帘晴卷海天霞”的胜景跃然眼前。

据《登州府志》载，蓬莱阁始建于北宋嘉祐六年（1061年），是当时登州郡守宋处约创建。他为了将“世传蓬莱、方丈、瀛洲三神山为仙人所居”之说，“以形破影，以迹蹈空”，便建造了此阁，并撰《蓬莱阁记》记之。文中写道“因思海德润泽为大，而神之有

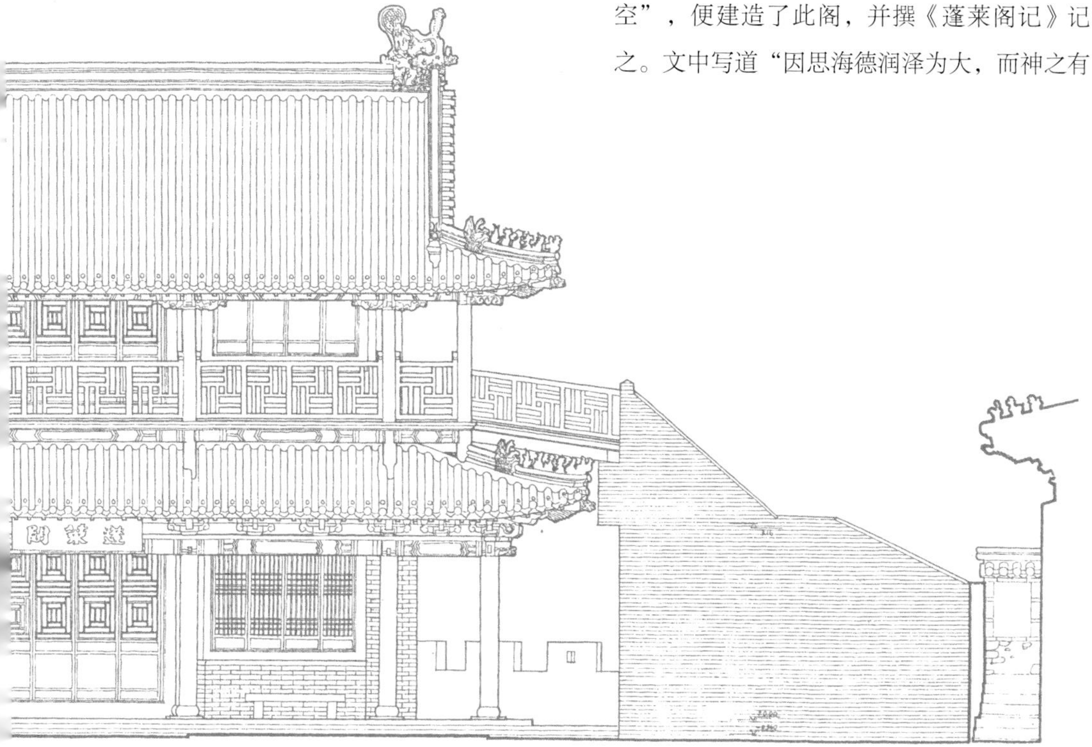

正立面图

祠俾，遂新其庙，即其旧以构此阁，将为州人游览之所。”重观览而轻海德龙王神仙的郡守大人，巧妙地逐海神广德王庙于西偏，而在旧址上建起了一座巍峨的蓬莱阁。“仰而望之，身企鹏翔，俯而瞰之，足蹑鳌背，听览之间，恍不知神仙之蓬莱。”此阁建成后，明代洪熙元年（1425年）有过修缮，明万历十七年（1589年）由山东巡抚李戴发起集资，乡官戚继光等赞助，进行了重建，并请山东巡抚、兵部右侍郎宋应昌作《重修蓬莱阁记》有：“谓材美制钜，地胜名远，力靡民劳，规画宏敞”之句。崇祯五年（1632年），登州参将孔有德兵变叛明，战败退守蓬莱水城内，战火累及蓬莱阁建筑群，使阁垣颓瓦断。崇祯九年（1636年）太守陈钟盛倡议重修。清嘉庆二十四年（1819年），再次修葺，并有《重修登州蓬莱阁记》存世，其描述与今之大阁相同。据史料记载，1894年12月24日，中日甲午海战，一

图7-2 蓬莱阁
黄琉璃瓦屋面为1985年维修时改换。

图7-3 蓬莱阁匾额
清著名书法家铁保书。

炮击中蓬莱阁后檐墙壁“海不扬波”石刻上的“不”字，并震落了阁内墙壁上南海才子招子庸所作“竹石图”壁画。至今“不”字上伤痕犹存。1985年进行大修，并改青筒瓦屋面为黄琉璃瓦。经历代的修缮，今日的蓬莱阁，已看不到宋代的构件了，但其位置未变，而构件则是一百多年前重修时的遗物了。

蓬莱阁为五开间，二层，两层均有回廊，露天梯道设在东西两侧，分别通往两边的配殿小院。东为刘公祠，西为长生殿。蓬莱阁西厢内墙壁上嵌有“蓬莱十大景”石刻。

蓬莱阁底层南立面当心间做四扇隔扇门，次间为隔扇窗，余三面封闭，室内北墙原有壁画，后毁，现辟为蓬莱阁专题陈列室。二层四周有围栏，内檐做隔扇窗，外檐东、西、北三面为避风，在围栏上又做隔扇窗封护。游人可沿回廊四周观赏周围及海上景色。不论春夏秋冬，这里永远是“没有仙人有仙境”。阁内梁枋上，彩绘有“八仙过海”等故事图案，檐下额枋上有“一斗二升交麻叶”斗栱。此阁历来是文人墨客观胜迹、吟诗文之所。相传“八仙过海”的故事源于蓬莱阁，八位仙人聚集在阁上喝醉酒后，各执自己的宝器，各显神通，漂洋过海。现室内正中悬挂着清朝嘉庆九年（1804年）大书法家铁保所题“蓬莱阁”匾额，劫后幸存，下面塑有“八仙醉酒”蜡像群雕。

图7-4 蓬莱阁梁架彩画/上图

图7-5 蓬莱阁内“八仙醉酒”蜡像（塑于1994年）/下图

图7-6 刘公祠
位于蓬莱阁东梯道前。清登州总兵刘清，字松斋，嘉庆己卯年（1819年）率众重修蓬莱阁，后人因怀念他而建此祠。

临海登高，海天一色，但见有天无地，海上波涛峥嵘千里，或有海雾涌来，云裹山腰如若空中楼阁，如若飘摇云中。称蓬莱阁为人间仙境，并非夸大之词。宋代的朱处约冒着得罪海神之险，相中此地建成览胜之高阁，才使后来登阁者感悟蓬莱仙境之美。苏东坡来蓬莱做了五天“知登州军事”的官，临走时因眷恋这佳境与友人来此饮酒赏景，因他先入龙王庙祈祷以示对龙王的尊敬，登阁后幸见海市美景，于是写下了脍炙人口的《海市诗》，留下了手迹石刻，使蓬莱阁更加名震遐迩。

该阁外观，虽不及江南三大名楼——岳阳楼、黄鹤楼、滕王阁之精美宏丽，但有其“仙阁凌空”独特之景观，为江南三楼所不及，更缺少一种驻守海疆傲然独立的浪漫诗意。

苏公吟唱在前，后来者不绝如缕，至今蓬莱阁上碑碣比比皆是，为山海披锦，为游人助兴。有以海市、观海为题的，如“重楼翠阜出霜晓，异事惊倒百岁翁”、“珠宫贝阙宝藏兴，恍惚阛阓移山城”；有赞美景色的，如“高阁悬天际，危栏枕水滨”；有写历史的，如“朱颜大药求难得，碧海青山境即仙。阆苑不须烦鹤驭，蜃楼空自没苍烟”；亦有写实的，如“海市蜃楼皆幻影，忠臣孝子即神仙”。岁月无情，有些诗文碑刻散落，现阁后的避风亭、苏公祠、卧碑亭中还保存了一些碑刻诗文。

蓬莱阁西北“澄碧轩”是古人吟诗作画之所。面北而立的避风亭，为明正德八年（1513年）建。由于亭前有十余丈陡崖，崖上1.5米高的堞墙，海风顺绝壁上升，风便吹不进亭内，故名“避风亭”。现亭内墙上嵌有诗文石

图7-7 避风亭
建于明正德八年（1513年），清嘉庆二十四年（1819年）修葺。

图7-8 卧碑
按宋朝书法家苏轼手书《书吴道子画后》真迹重勒之碑。

刻十余方，最著名的为明代兵部尚书袁可立的《观海市》诗，书法家董其昌手迹，刻者为温如玉，被世人称之为三绝。再东为卧碑亭，亭专为存放苏轼手书石刻而建。亭内西间有卧碑一通，正面为苏轼《书吴道子画后》手迹，背面为《海市诗》，其正面碑字为金皇统年间重勒，字、文若行云流水，游刃有余。诗文中赞吴道子画“出新意于法度之中，寄妙理于豪放之外”的佳句。

卧碑亭东为苏公祠，祠内墙壁上嵌有苏公人像石刻拓本及诗文石刻，较著名的是西壁的清代翁方纲书《海市诗》楷书石刻和东壁明代薛瑄所作《观海》诗文石刻，诗中“空濛极目春无边，春涛涌涌含春烟。还从绝顶下长坂，高城忽起沧溟前”是为观海之绝唱。正如明代知府蔡叔逵言：“昔文忠苏公，文清薛公，先后游此，诗以诵之。夫二公文章无赖于蓬莱之景，而蓬莱之景借二公以增重于天下，故抚景诵诗足称二绝。”

八、天后香火

海神娘娘是宋朝以来沿海渔民心目中的航海保护神。在丹崖山上，为海神娘娘构筑的宫殿，占据山的重要位置。它西邻龙王宫，东靠蓬莱阁，占地3000余平方米，由山门、钟楼、鼓楼、戏楼、前殿、正殿、寝殿等建筑组成，是丹崖山上占地最大、建筑单体最多的一组宫殿。

海神娘娘又称天后圣母，福建人称为妈祖。妈祖原名林默，福建莆田湄洲人。生于北宋建隆元年，卒于雍熙四年。相传她经常拯救海上遇险的船只，为乡亲治病，受到人们的尊重，死后在湄洲便建庙祭祀，被视为能给人们带来平安幸福的多功能神。宋宣和五年（1123年）朝廷赐“顺济庙”祀之，并封为“灵惠夫人”。从此妈祖的信仰由民间转为官方承认的海神天妃。至清康熙二十三年（1684年）加封为“天后”，祀庙改称“天后宫”。蓬莱丹崖山上的天后宫建于宋宣和四年（1122年），是宋徽宗敕建的。始称灵祥庙。当时的丹崖山下，已建成驻扎水师的刀鱼寨。灵祥庙的建造，也是为了保佑海疆的平和。据清道光年间重建石碑记载：“宋徽宗时，敕立天后圣母庙于阁之西营建焉，计建庙四十八间”，“殿宇巍然，神灵丕著，居贾行商，有祷则应，水旱偏灾，有祷则应”。一时香火鼎盛。清道光十六年（1836年），庙宇因火灾被焚，现存建筑为清道光十七年（1837年）知府英文重修。由于该海神庙为皇帝亲赐，历元暨明，屡赐牌额，且身价逐年提升，至明清后，渐渐地取代了东海神主“广德王”的位置。重建后的天后宫，较之龙王庙格外气派，富丽堂皇。

图8-1 天后宫、龙王宫总平面图

1.丹崖仙境牌楼；2.显灵宫门；3.钟楼；4.鼓楼；5.戏楼；6.前殿；7.道德神仙殿；8.寝楼；9.龙王宫门；10.前殿；11.正殿；12.寝殿

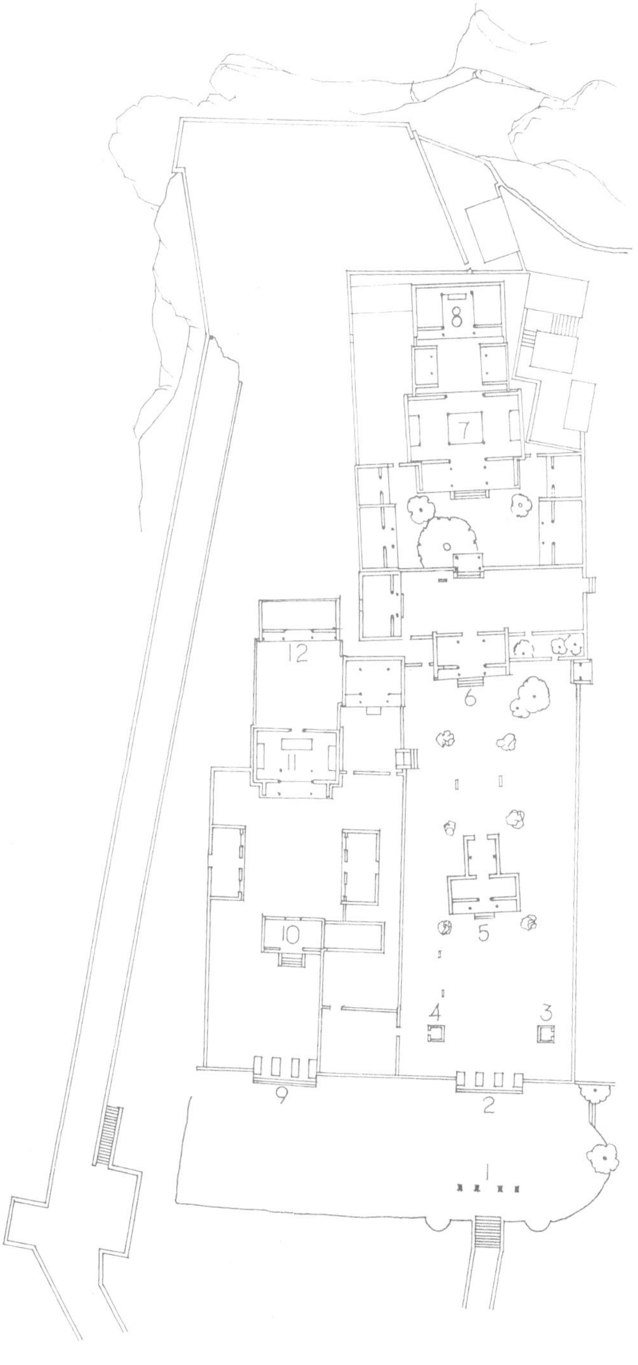

游天后宫，须由通往丹崖山的偏西盘山路北上，至山腰处有一“丹崖仙境”四柱三楼牌坊伫立路中，成为丹崖山庙宇建筑的第一道景观。该牌坊为1981年重建，枋上“丹崖仙境”四个字是董必武（中国共产党的创始人之一）在1964年来游时书写。牌坊两侧原有旗杆，现已不存。穿过牌坊便进入显灵宫山门，第一进院较宽敞，钟、鼓二楼东西相向而立，北面为二层戏楼，为演戏酬神的地方，戏楼由戏台和妆衣楼组成，戏台为四柱式卷棚顶建筑，面北正对天后宫前殿。该戏台于1937年毁于战火，今为1959年重建。戏楼的东西两侧各有赭红色石英巨石三尊峙立，蔚为壮观。据考，这几块石是开山造宫时特意留下的景石。乾隆年间，山东学政、体仁阁大学士金石家阮元，为巨石取名“三台石”，并刻石题款：“六石相比三，如星象也。乾隆五十九年（1794年）扬州阮元名之”。阮元精书法，擅刻石，少有墨宝

图8-2 “丹崖仙境”牌坊
四柱三楼式，1981年重修。

图8-3 戏楼

由戏台和妆奁楼组成；戏台于1937年毁于战火，1959年恢复重建，是演戏酬神之所。

图8-4 妆奁楼/后页

二层，三开间，硬山式。底层通往戏台下，内设楼梯；二层与戏台相通。

图8-5 道德神仙殿
专祀海神娘娘之所。

传世，此刻石弥足珍贵，现嵌于天后宫前殿东侧围墙上。后来道光年间知府张辐，又名之为“坤爻石”，也勒石为记。

前殿是天后宫的门神殿，俗称“马殿”，为三开间硬山建筑，明间为穿堂，殿内东西壁前有门神塑像。前殿是天后宫一进院的结束，为进入二进院的过渡，二进院由西厢、东侧进入蓬莱阁的院门和三进院垂花门组成，院内窄小，五代陈抟书“福”、“寿”碑嵌在前殿后墙上。

三进院为天后宫主院，由垂花门、道德神仙殿、东西厢房等建筑组成，建筑布局紧凑，密度较高。垂花门的两侧院墙很有特点，墙裙为须弥座形式，座高1.1米，以青砖雕刻在金刚短柱分隔束腰，柱间嵌有丹崖山彩石构成的图案，造型雅致。垂花门后，有一棵唐槐，相传

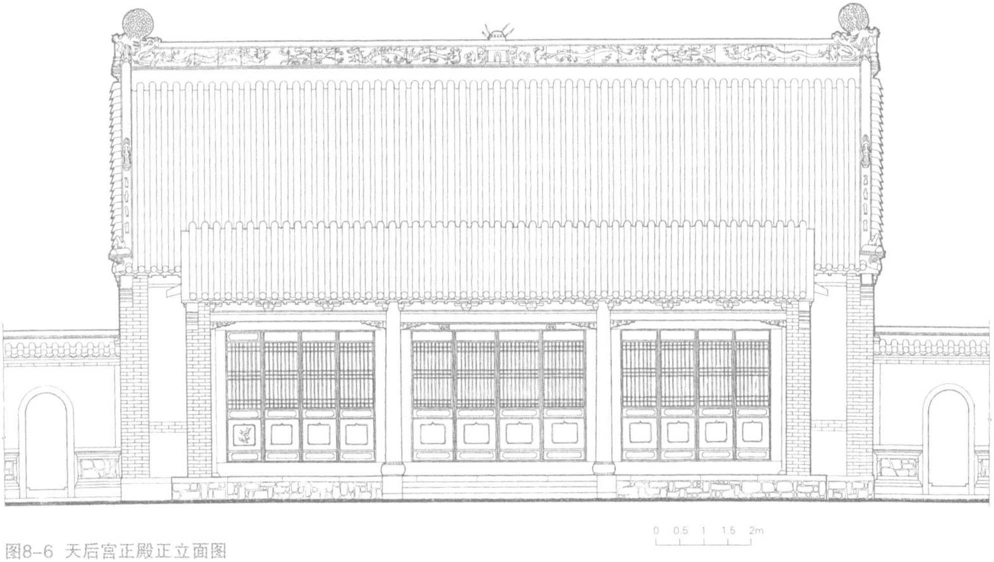

图8-6 天后宫正殿正立面图
前殿为三开间卷棚顶，后殿为五开间硬山顶，
前后殿建筑形成“勾连搭”式屋面。

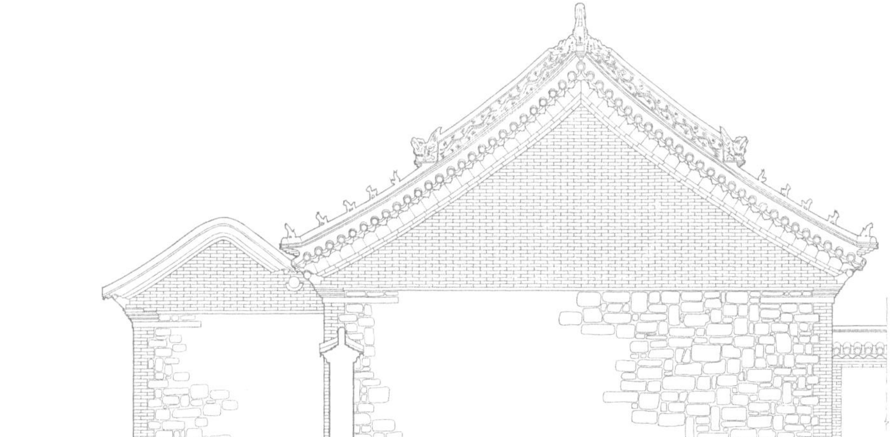

图8-7 天后宫正殿侧立面图

图8-8 “三台石”石刻
清山东学政、文学家阮元为天后宫院中六块景石题名并刻石记之。

当年吕洞宾与铁拐李在此地对弈，烈日炎炎，无以遮蔽，铁拐李便从宝葫芦里取出一粒种子撒在地上，瞬间长成大树，树荫宜人，至今根深叶茂。

道德神仙殿五开间，前檐带三开间硬山卷棚建筑，前殿和后殿为勾连搭式屋顶。廊下题匾额：“道德神仙”，两侧廊心墙上分别镶嵌有《重修天后宫记》和《重修天后宫碑记》的石刻。明间金柱间有神龛，龛内塑有天后圣母坐像，一副帝后模样，手执玉圭，头戴凤冠，身穿霞帔，四名侍女站立左右，殿内东西神台上塑有四海神及随从官员站像。

图8–9 寝楼/上图

二层，硬山式，面阔13.5米，进深7.2米，高9.2米，一层明间祀有天后圣母神像，东西次间为卧室陈设。

图8–10 天后圣母塑像/下图

天后圣母现祀于寝楼内。相传自宋以来，天后常为行船走水者导航引路，民间称其为“海神”，宋元明清几代帝王均加敕封。

四进院便是后寝宫，由二层寝楼和东西厢组成。楼内现为天后娘娘起居、梳洗室陈列。楼前有东西厢房，前檐墀头上砖雕有春、夏、秋、冬四景图，图案下条砖上雕刻有文字，每个墀头上有一句五字诗，正好组成五言绝句一首："直上蓬莱阁，人间第一楼。云山千里目，海岛四时秋。"

图8-11 花卉图案

天后宫后院东西厢墀头雕有象征四季的花卉图案，每图下刻有一句诗，曰："直上蓬莱阁"、"人间第一楼"、"云山千里目"、"海岛四时秋"，恰好组成五言绝句一首。

九、龙王爷的恩赐

图9-1 龙王宫山门/上图
砖石结构，庑殿顶，三拱券门。

图9-2 龙王宫前殿/下图
三开间硬山建筑，1992年恢复重建。

图9-3 龙王宫正殿
五开间庑殿顶，面阔13.29米，进深10.93米，高8.55米，为明崇祯九年（1636年）重建，内祀东海龙王神像。

早在唐贞观二年（628年），丹崖山顶上便建起了海神庙。所谓“海神”，是宋代以前人们对龙的崇拜，认为只有龙才是能够主宰大海的神。据唐杜佑所撰《通典》上载：“唐天宝十载正月以东海为广德王，以南海为广利王，以西海为广润王，以北海为广泽王。”那么丹崖山上所供奉的便是东海龙王广德王了。其庙矗立山巅，气势不凡。但这足以说明，此山早在建天妃庙之前，已由东海龙王神占据。宋嘉祐辛丑年（1061年），在其址上建起蓬莱阁，将海神庙西迁至今址。元中统年间、明洪武年间、万历年间及清同治年间有过修葺，虽几经兴废，位置未大变，但布局则是一百多年前重建时之旧观。

图9-4 东海龙王神塑像
现祀于龙王宫正殿。

龙王宫与显灵宫、白云宫呈一字形列排于山腰。龙王宫位于西端，紧靠水城西城墙，东邻天后宫，为三进院落，由山门、前殿、正殿、寝殿两厢组成。占地2000余平方米。前殿和寝殿早毁圮，仅残存基础，1993年在旧址上又恢复重建。正殿内原塑神像在“文化大革命”中被毁，今之塑像亦为重塑。

山门为三拱券门，砖石结构。正殿五开间，庑殿顶前檐出三间轩廊，东西厢房对称。殿堂十分简洁朴实，其檐下置一周一斗三升栱，足以说明其身份。在丹崖山上诸多建筑中，还未有超过此建筑等级的。即使天后宫的道德神仙殿顶梁柱及门槛均使用上等名贵的铁力木制作，以示其华丽、高贵，但建筑屋面为硬山形式，仍不敢僭越龙王宫主殿。

图9-5 龙王宫寝殿

三开间，硬山式，1992年重建。

在民间传说中龙王是无所不能的，人们让“龙”坐在房顶上，嵌在门首可禳灾避祸。在蓬莱当地，无论谁家中遇到什么困难，都愿到丹崖山上祷告龙王，祈求解难，古时若逢干旱无雨，官民一齐涌向龙王庙求雨，还有时用步辇抬着木雕龙王神像到烈日下暴晒，龙王受不了啦，大雨便如注降下，十分灵验，来此寻仙的文人雅士，也要先拜龙王，以求显现海市美景。苏东坡来登州五日，能得见海市，留下《登州海市》赞美诗，据诗中引言说，是因“祷于海神广德王之庙，明日见焉”。这类记述，我们只能以今日科学的眼光，重新审视了。

十、求仙易，成仙难

当游人步入蓬莱阁游览区入口时，可见一座四柱冲天牌楼，额题："人间蓬莱"昭示游人。此牌楼为1994年建。"人间蓬莱"四个字是苏东坡墨迹，从苏东坡的书札《遗过子尺牍》上摘取的。入门后有一条宽阔的登山石阶，石阶半腰有一对威武的石狮踞于路旁，此刻仰望，白云宫山门便映入眼帘。

白云宫，原有殿堂于明万历三十一年（1603年）毁，明清两代均有重修，久圮。现旧址上植有花草树木。宫内的蓬莱阁、上清宫、吕祖庙、宾日楼等道教建筑较为著名。道教主张按自己的教义建造理想化的领地而不同于其他宗教，如三十六洞天、七十二福地之类的高山流水风景如画的仙境，并据此营造自己的活动场所。丹崖山上这组建筑，其意匠便是仙境氛围，以体现修炼成仙的核心思想。

在两千多年前，因渤海中有"海市"出现，吸引着古代信仰方术的专家，为了探究这一奇观，齐国方士上书秦始皇，言海中有三神山蓬莱、方丈、瀛洲，有仙人居之。秦始皇为求仙、求长生，于"二十八年（公元前219年），遣徐福发童男女数千人，入海求仙人"。秦始皇也三番五次巡游海上，希望能遇海中三神山得仙药，终未如愿，在回家的路

图10-1 白云宫总平面图/对面页

1.白云宫门；2.吴公祠；3.三清殿；4.吕祖祠；5.观澜亭；6.普照楼；7.吕祖像亭；8.宾日楼；9.苏公祠；10.卧碑亭；11.蓬莱阁；12.避风亭；13.澄碧轩

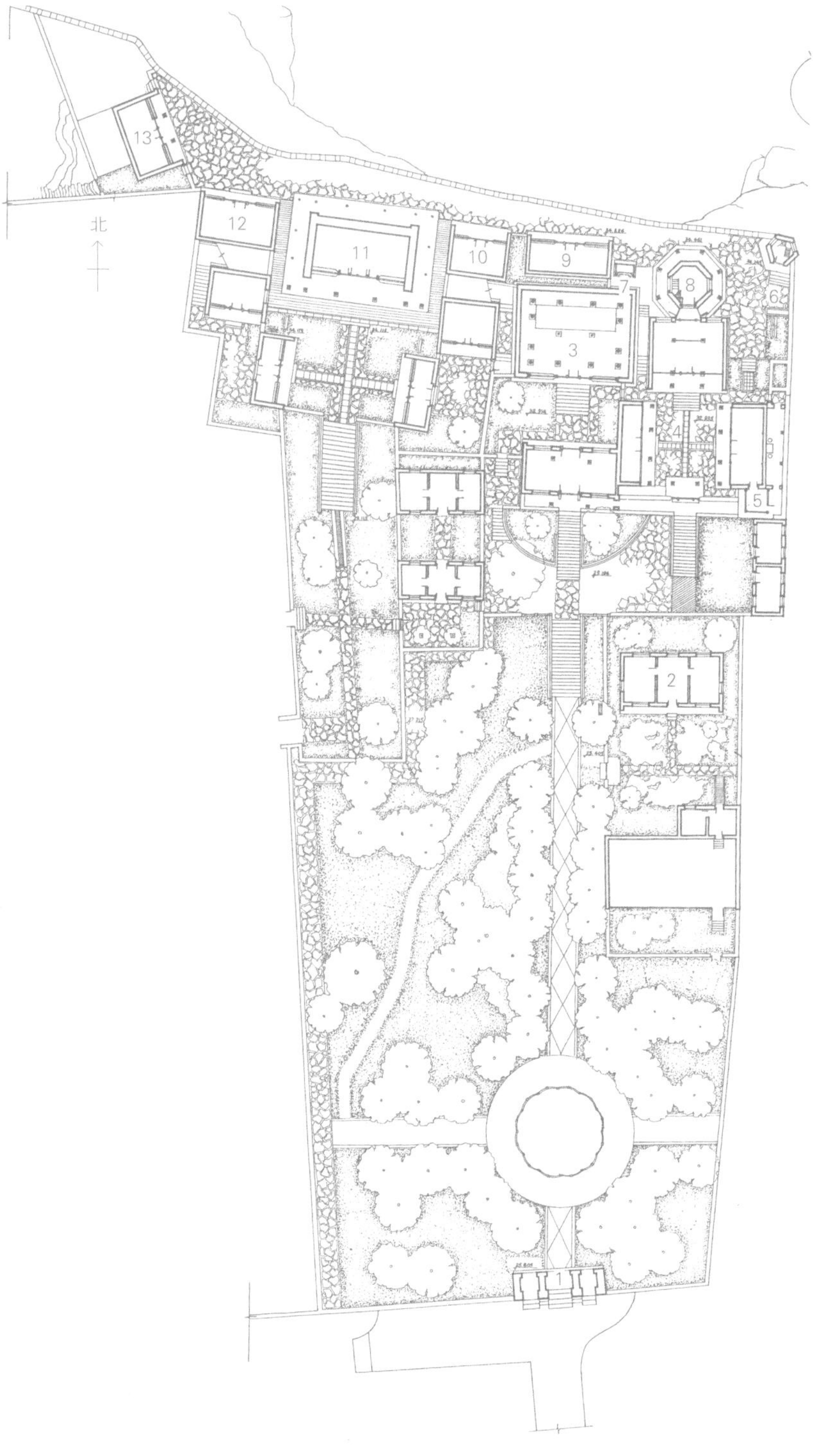
北
1
2
3
4
5
6
7
8
9
10
11
12
13

上也命归西天。《史记》将始皇帝及方士这段寻仙、求仙不得仙的史实，记录真切。古代徐福上书寻仙之举，不仅创下了航海的记录，还导致蓬莱地名的诞生，使之成为神仙方士们的圣地，蓬莱也与“仙”结下不解之缘。从此道教所崇奉的天神、地祇、仙人在蓬莱之丹崖山上安家落户。又经过历朝历代道家信徒们的精心营造，丹崖山始成今貌。

进入白云宫门后，但见院内古树参天，沿甬路前行至北端，路东为吴公祠，是祀清末驻登州帮办海防的淮军将领吴长庆。拾级而上便是上清宫。该宫占地狭小，东靠吕祖祠，西邻蓬莱阁，北依苏公祠。由前殿和正殿组成，前殿三间硬山，前后辟门，殿内塑有守门神像。穿过前殿，便是上清宫院。三清殿在高起的断崖台明上，为五开间重檐歇山建筑，在丹崖山建筑群中，建筑规格仅次于龙王宫正殿。由于地盘局促，其檐柱做成

图10-2 白云宫入口的登山阶梯
位于蓬莱阁建筑群最东端。对峙的石狮犹如“天上与人间”的分界线，过此即入仙境。

图10-3 上清宫前殿

位于白云宫山门正北，三开间硬山式穿堂建筑，内有门神塑像。

悬挑式垂柱。殿内后金柱间神台上塑有道教始祖三神坐像。殿前西侧一棵二人合抱的参天古柏，昭示着此地悠久的沧桑岁月。

据殿内石刻记载，该殿创建于唐开元年间，明隆庆六年（1572年）重修，1973年又重修前殿及三清殿。

上清宫东侧是吕祖祠，该祠为一独立的小四合院，在中轴线有垂花门、吕祖祠正殿，东西有厢房。正殿、厢房均为三开间硬山式前檐带廊的建筑，清光绪三年（1877年）所建。由于该祠东临陡崖，可观水门及东海岸，故东厢前后均为游廊，且连接南角上的观澜亭。北角上是1958年复建的普照楼。若站在水门或以东远眺，此亭十分玲珑隽秀，给丹崖山仙山楼阁平添了一分秀美之色。

图10-4 三清殿正立面图
该殿为明隆庆六年（1572年）重修。面阔14.44米，进深9.83米，高8.8米，台明高1.72米。内祀道教原始天尊、灵宝天尊、道德天尊神像。

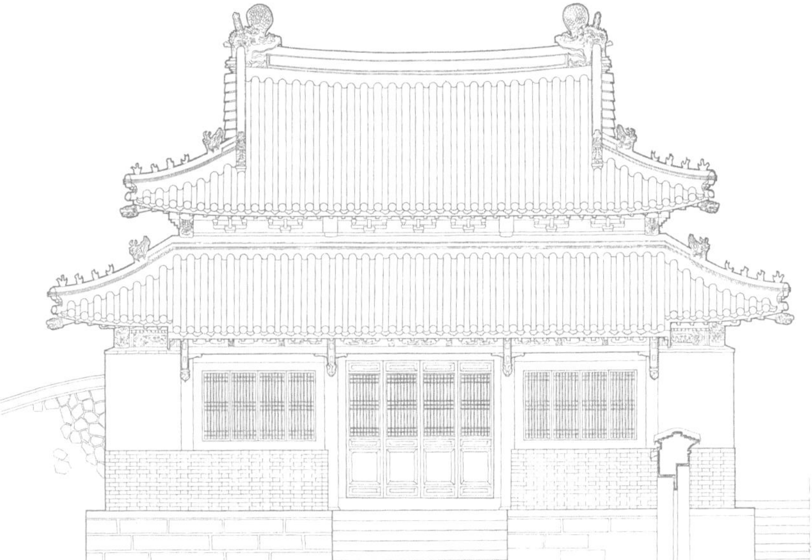

图10-5 吕祖祠正殿

吕祖祠位于三清殿东侧，由垂花门、正殿和东西厢房组成，为清光绪三年（1877年）所建。

吕祖祠后便是宾日楼，该楼因苏轼与友人饮酒于此，并为好友史全叔作《书吴道子画后》，墨宝佳文留传后世使楼著称于世。此楼为八角攒尖顶二层楼阁建筑，是观赏“扶桑日出”的佳处。楼西为“吕祖像”亭，亭子为两坡悬山顶，前后空透，小巧玲珑，亭内只容立石碑，碑正面线刻吕洞宾站像，背面为登州卫副总兵李承勋于明万历丙申（1596年）闰八月书吕洞宾降坛诗。诗云：“青天忽见动东风，一望三山雾气中。万丈春光疑有蜃，四回苍色岂无龙。已开城廓三千界，又见楼台十二重。要识人间总虚幻，不须翘首对长空。”苏轼的《海市诗》诗中也有“东方云海空复空，群仙出没空明中。荡摇浮世生万象，岂有贝阙藏珠宫？”之句，都形象地勾勒出仙与幻的关系。

十一、硝烟已散，笙歌达旦

蓬莱，在美丽的神话中孕育，在帝王寻仙足迹下诞生；刀鱼寨水军基地，在宋、辽时政权与疆土相争的烽火中创建；水城，又在大明朝保家卫国抗击外来侵略的硝烟里建立完善。这里是政治、文化、历史郁结冲撞之地，不仅引发一代文豪苏轼为此而作之千古绝唱，还曾孕育出威震大江南北、荡平倭寇、守卫海疆、昭著青史的民族英雄戚继光。他的"封侯非我意，但愿海波平"诗句，荡漾着中华民族反抗侵略的正义之魂，他的军事思想，治军之道和爱国主义英雄气概，萦绕在水城上空，激励着中华民族。笼罩仙界光环下的军事城堡，历经人间仙境沧桑变迁的喜忧悲伤，昔日的古战场早已画上了句号，如今小海中已见不到古老的楼船战舰，骁勇水兵，但见忙碌的渔船、游艇穿梭于港湾，岸边酒楼、商店鳞次栉比，迎接着川流不息的八方来客。欢歌笑语夹杂着叫卖声通宵达旦地回响在小海岸边。水城已成为闻名遐迩的旅游胜地。

图11-1 平浪台上戚继光塑像和太平楼（袁晓春提供）
位于平浪台上，为1987年同时建造。

图11-2 登州古船博物馆（袁晓春 提供）

位于小海东岸北端，与平浪台衔接，为1986年创建，专为陈列由小海内出土的元代战船及文物。

图11-3 平浪台上建筑群/后页

由太平楼、平浪宫、涌月亭、点将台等建筑组成，1987年重建。

硝烟已散，笙歌达旦

今天来水城参观，又见水师府耸立于振扬门内，这是1996年重建的仿清式建筑群，作为戚继光纪念馆。由此北行沿小海东岸是古市一条街。在小海登瀛桥东头，便是创建于1990年的“登州古船博物馆”。该馆专为陈列于1985年发掘的元代战船和同时出土的桅杆、铁锚等船具，还有石弹，铜、铁炮及元明清各朝代的陶瓷器皿，是国内第二所古船专题陈列博物馆。

在古船博物馆北面的平浪台上，早于古船馆恢复建起了太平楼、平浪宫、涌月亭等一组建筑。并在太平楼前塑有戚继光执剑披甲站像。这些建筑的恢复与添建，丰富了游览文物古迹的内涵，是水城史迹的再现。

蓬莱阁建筑群经过精心管理与修缮，容颜虽苍老，但风采依旧。尤其在绿枝葱茏、薄雾缭绕的季节，那梦幻般的美景更加令人心醉，诱人神往。蓬莱阁上每天都要迎送上万游客。海市蜃楼仙景也不负众望，于20世纪80年代后又五次向游人显示“贝阙珠宫”的美景。

今天的水城繁华而喧闹，愿我们能在喧闹中，别忘了水城已在衰老，请众人多一些保护，愿这构筑的历史，永远影响教育后代；愿这人间的仙境也能让后人分享；愿这瑰丽的文化遗产，永远造福人间。

图11-4 丹崖山巅建筑群
由东向西排列有灯楼、宾日楼、苏公祠、卧碑亭、蓬莱阁、避风亭。

大事年表

朝代	年号	公元纪年	大事记
北魏	天赐元年	404年	置山东诸治发州郡徒谪造兵甲，以备海防
唐	贞观二年	628年	创建广德王海神庙和弥陀寺
	开元年间	713—740年	创建三清殿
	天宝元年	742年	在登州设登、莱守捉
宋	庆历二年	1042年	登州郡守郭志高，建议在登州口岸设立刀鱼巡检，备御契丹，建起沙城，称“刀鱼寨”
	嘉祐五年	1061年	登州郡守朱处约，在丹崖山巅“海神庙基，建蓬莱阁”，西偏建新广德王庙
	元丰八年	1085年	苏轼调任登州知府，五天后调离。离别时登蓬莱阁与朋友饮酒于宾日楼上，作《登州海市》诗及《书吴道子画后》题文
	宣和四年	1122年	敕立天后圣母庙，乃于阁西营建，计建庙四十八间
元	至正十三年	1353年	分沂州元帅府于登州驻扎刀鱼寨备倭
明	洪武九年	1376年	登州卫指挥谢观，因海口淤塞，奏请朝廷批准疏浚并筑土城，立帅府于此
	正德八年	1513年	登州知府严泰创建避风亭
	嘉靖二十三年	1544年	年仅16岁的戚继光，承袭父职，任登州卫指挥佥事，至三十四年调任浙江都司佥事
	万历六年	1578年	创建苏公祠
	万历十七年	1589年	由山东巡抚李戴发起集资，戚继光等乡官捐助，重建蓬莱阁。山东巡抚、兵部右侍郎，御史宋应昌作《重修蓬莱阁记》

朝代	年号	公元纪年	大事记
明	万历二十四年	1596年	在水城土城墙外包砌砖石加固城墙，并在水城东、西、北三面增筑敌台三处
	万历三十一年	1603年	白云宫毁
	崇祯四年	1631年	登州卫参将孔有德，率军援辽至吴桥兵变叛明，后兵败固守水城，明军与叛兵战火累及水城，使水城及蓬莱阁遭到破坏
清	嘉庆二十四年	1819年	总兵刘清倡修蓬莱阁。建东西配殿、厢房，重修宾日楼海市亭和避风亭
	道光十六年	1836年	天后宫毁于火
	道光十七年	1837年	知府英文倡修天后宫
	道光二十年	1840年	知县王文焘劝捐修葺水城
	同治元年	1862年	知府常筠、知县周毓南倡修水城
	同治四年	1865年	风雨暴作，阁前山城忽坠十余丈，阁亦岌岌可危，知府豫山募诸绅商修之，于同治六年完工
	同治六年	1867年	登州知府陈山督建澄碧轩
	同治七年	1868年	登州府同知雷树枚，倡建普照楼
	光绪二年	1876年	建观澜亭
	光绪三年	1877年	建吕祖祠
	光绪二十一年	1895年	中日甲午海战时，一炮弹击中蓬莱阁后檐墙上，将墙上所嵌石刻“海不扬波”的“不”字击中，震落室内墙上壁画
中华民国	18年	1929年	张宗昌驻军蓬莱水城
	23年	1934年	冯玉祥偕其老友李烈钧游蓬莱阁，共题楹联一副。冯以“碧海丹心”为额，李烈钧书“攻错若石，同具丹心扶社稷；江山如画，全凭赤手换乾坤。”
	36年	1947年	国民党李弥部队兵驻水城，修筑工事，对城垣破坏较重

朝代	年号	公元纪年	大事记
中华人民共和国		1973年	国家拨专款修复蓬莱水城及蓬莱阁建筑群，翻修三清殿、避风亭、澄碧轩
		1980年	建立蓬莱阁文管所和蓬莱县文物管理所
		1981年	重建“丹崖仙境”牌坊
		1982年	蓬莱水城及蓬莱阁升为国家级重点文物保护单位
		1984年	蓬莱县组织上万名劳动力，历时三个月，对水城小海进行大规模清淤工程，发掘出一艘元代战船
		1984年	在小海东岸建古市一条街
		1985年	维修蓬莱阁，将青筒瓦绿琉璃剪边屋面，换成黄琉璃瓦屋面
		1986年	在小海东岸建古船博物馆
		1987年	在平浪台上恢复重建太平楼、平浪宫、涌月亭、点将台及戚继光塑像
		1988年	重建振阳门城楼
		1991年	加固维修东炮台及防波堤
		1992年	恢复重建龙王宫前殿及后寝殿
		1994年	加固治理丹崖山西北角山体滑坡
		1995年	拆除小海上活动铁板桥，新建跨小海五孔拱桥，新桥曰“登瀛桥”
		1996年	加固丹崖山北侧陡崖山体

“中国精致建筑100”总编辑出版委员会

总策划：周　谊　刘慈慰　许钟荣

总主编：程里尧

副主编：王雪林

主　任：沈元勤　孙立波

执行副主任：张惠珍

委员（按姓氏笔画排序）

王伯扬　王莉慧　田　宏　朱象清　孙书妍

孙立波　杜志远　李建云　李根华　吴文侯

辛艺峰　沈元勤　张百平　张振光　张惠珍

陈伯超　赵　清　赵子宽　咸大庆　董苏华

魏　枫

图书在版编目（CIP）数据

蓬莱水城 / 于建华撰文 / 摄影. —北京：中国建筑工业出版社，2014.6
（中国精致建筑100）
ISBN 978-7-112-16781-4

Ⅰ. ①蓬… Ⅱ. ①于… Ⅲ. ①古城-建筑艺术-蓬莱市-图集 Ⅳ. ① TU-092.2

中国版本图书馆CIP 数据核字（2014）第080898号

©中国建筑工业出版社

责任编辑：董苏华 张惠珍 孙立波
技术编辑：李建云 赵子宽
图片编辑：张振光
美术编辑：赵 清 康 羽
书籍设计：瀚清堂·赵 清 周伟伟 康 羽
责任校对：张慧丽 陈晶晶 关 健
图文统筹：廖晓明 孙 梅 骆毓华
责任印制：郭希增 臧红心
材料统筹：方承艺

中国精致建筑100

蓬莱水城

于建华 撰文/摄影

中国建筑工业出版社出版、发行（北京西郊百万庄）
各地新华书店、建筑书店经销
南京瀚清堂设计有限公司制版
北京顺诚彩色印刷有限公司印刷

开本：889×710 毫米 1/32 印张：$2^7/_8$ 插页：1 字数：123 千字
2016年5月第一版 2016年5月第一次印刷
定价：**48.00**元
ISBN 978-7-112-16781-4
（24384）

版权所有 翻印必究
如有印装质量问题，可寄本社退换
（邮政编码 100037）